STATION AGRONOMIQUE

Rapport de M. CARON, Secrétaire.

(JUILLET 1879).

AMIENS

IMPRIMERIE ADMINISTRATIVE OSCAR SOREL

W. DUTILLOY, Successeur

71, Rue du Lycée, 71

1879.

DÉPARTEMENT DE LA SOMME

STATION AGRONOMIQUE

Rapport de M. CARON, Secrétaire.

(JUILLET 1879).

AMIENS

IMPRIMERIE ADMINISTRATIVE OSCAR SOREL

W. DUTILLOY, Successeur

71, Rue du Lycée, 71

1879.

A Messieurs les Membres du Comité de permanence de la Station agronomique du département de la Somme.

Messieurs,

La Commission de surveillance de la Station agronomique nous a, dans sa dernière réunion, désignés pour veiller à l'établissement de celle-ci, en surveiller les travaux d'installation et les dépenses d'acquisition de matériel.

Nous avons, aussi, été chargés par elle d'étudier un projet de réglement, de tarifs et d'établir le Budget de cet établissement.

Vous m'avez fait l'honneur de me charger spécialement de cette tâche. Je viens vous en rendre compte.

Le travail que je vous présente est le résultat d'études communes, de discussions, très-agréables toutefois, avec notre honorable Directeur ; il a son complet assentiment.

J'espère qu'il aura le vôtre, et qu'il nous sera possible de provoquer, à bref délai, la réunion de la Commission, afin que le Conseil général puisse être saisi de nos propositions pour la Session prochaine.

Le Secrétaire,

A. CARON.

23 juillet 1879.

Le Comité de permanence se compose de :

MM. Magniez, Député, Conseiller général (Vice-Président).
Vion, Conseiller général.
De Gillès, Président du Comice agricole d'Amiens.
Fougeron, Conseiller d'arrondissement.
Caron, Ancien Conseiller général.

TRAVAUX DE LA STATION.

La Station agronomique du département de la Somme a été créée pour étudier *pratiquement* tout ce qui paraît susceptible de progrès dans l'agriculture du Département, ainsi que pour aider (et même, au besoin, pour protéger) les Cultivateurs dans leurs transactions, surtout avec les marchands d'engrais, souvent fort habiles et peu dignes de confiance.

A ce double point de vue, les travaux de la Station peuvent être répartis en six catégories :

1° *Analyses de terres*, d'engrais et de produits agricoles ou industriels, effectuées pour les personnes qui en feront la demande, conformément au tarif proposé plus loin.

2° *Renseignements et Conseils*, que les Cultivateurs peuvent demander au Directeur de la Station, soit par écrit, soit de vive voix (les mercredis et samedis de chaque semaine, de midi à cinq heures).

3° *Conférences sur les questions d'actualités* les plus importantes pour l'agriculture de la contrée. Ces conférences seront annoncées à l'avance ; elles auront lieu dans la salle destinée à cet usage dans le bâtiment de la Station agronomique, boulevard Guyencourt, 7, à Amiens.

4° *Expériences agricoles* à effectuer dans les postes d'observations qui seront ultérieurement désignés. Pour la production végétale, l'analyse de tous les sols composant le poste, sera le premier travail.

5° *Observations météorologiques* organisées sur le modèle de l'Observatoire de Montsouris. M. Marié-Davy, directeur de cet Observatoire, a bien voulu donner au Directeur de la Station toutes les indications nécessaires à l'organisation de ce service.

6° *Publications* effectuées dans le Recueil des Actes administratifs, et envoyées dans toutes les communes du Département, suivant la proposition qu'a bien voulu faire M. le Préfet. Ces publications porteront : 1° sur *toutes* les analyses faites à la Station, pouvant intéresser l'Agriculture, avec les conclusions *favorables* ou *défavorables* aux marchands d'engrais ou autres industriels ; 2° sur diverses questions d'actualités choisies parmi les plus importantes pour les Cultivateurs de la Somme.

STATION AGRONOMIQUE DE LA SOMME.

TARIF DES ANALYSES.

Les échantillons des matières à analyser doivent être prélevés avec le plus grand soin *par la personne intéressée*, en prenant la précaution de bien lotir ceux-ci ; c'est-à-dire qu'il faudra prendre, au hazard, quelques portions de la matière à analyser, les bien mélanger et prélever sur le tout un échantillon de deux cents grammes environ.

S'il s'agissait d'une forte livraison d'engrais, on prendrait un sac sur dix ; on viderait sur une bâche tous les sacs ainsi choisis ; on mélangerait bien le tout et on prélèverait sur cette masse un échantillon de deux cents grammes.

Pour les transactions importantes, la prise d'échantillon doit toujours être faite, non pas au domicile de l'acheteur, mais à la gare d'arrivée, au moment de prendre livraison et en présence de deux témoins, dans des conditions d'authenticité désirable. Les échantillons ne doivent pas être expédiés dans du papier ou

NOTA : Cette partie est plus spécialement destinée à la publicité, soit par feuilles distinctes répandues par l'intermédiaire de MM. les Maires ou les Comices, soit au verso des reçus à souches donnant les résultats des analyses.

des sacs de toile, mais dans des bocaux ou flacons de verre bien fermés avec un bon bouchon. (La poste reçoit les échantillons jusqu'à trois cents grammes, emballage compris, et, pour les flacons de verre, l'emballage dans une boîte en bois ou fer blanc, garnie de sciure de bois est indispensable).

Les frais d'envoi sont toujours à la charge des clients.

Le prix de l'analyse est payable d'avance. Le client reçoit une quittance avec numéro d'ordre extraite d'un registre à souche.

L'analyse est exécutée dans le plus bref délai et le client reçoit un procès-verbal d'analyse, extrait d'un second registre à souche, numéroté comme le précédent. Ce procès-verbal est signé par le Directeur de la station, qui *accepte la responsabilité de ses analyses devant les tribunaux*, quand il y a procès entre acheteurs et vendeurs.

Tout échantillon analysé sera conservé avec son numéro d'ordre dans la salle des collections, au moins pendant un an et un jour, de manière à rendre possible toute vérification ultérieure.

Pour simplifier toutes les relations avec les clients et mettre les analyses à la portée de tous les cultivateurs, la Station agronomique adopte un *tarif uniforme*, dont les prix sont très-modérés :

Le prix d'une détermination chiffré quelconque, ou du dosage d'un élément demandé par le client, *est fixé à 5 francs.*

Exemples :

Analyse de betterave : détermination de la densité du jus, 5 fr. — dosage de sucre, 5 fr. Coefficient salin, 5 fr.

Analyse d'engrais phosphatés : dosage de l'acide phosphorique assimilable, 5 fr.; dosage de l'acide phosphorique total, 5 fr.

Analyse d'engrais azotés : dosage de l'azote organique, 5 fr.; même prix pour l'azote ammoniacal et l'azote nitrique.

Dosage de la potasse dans les engrais, 5 fr.

Pour chaque matière à analyser, le client peut demander un seul dosage, s'il juge que cela peut lui suffire. En cas de doute, le Directeur indiquera toujours quels sont les dosages nécessaires, afin d'épargner aux cultivateurs les dépenses inutiles.

Exemples :

Il est inutile de doser l'azote nitrique ou ammoniacal dans les tourteaux ou les déchets de laine, mais seulement *l'azote total*, qui se confond dans ce cas avec *l'azote organique*.

De même, il suffit de doser *l'acide phosphorique total* dans les phosphates fossiles pulvérisés, tout en s'assurant si l'acide est suffisamment assimilable. Ainsi les phosphates du Cana da, bien que très-riches, ne peuvent être utilisés *directement* par les cultivateurs ; ils doivent être transformés en superphosphates.

Dans les achats d'engrais, le cultivateur doit s'entourer des plus grandes précautions, *même quand on lui garantit sur facture la composition chimique de l'engrais*.

C'est ainsi qu'il doit toujours rejeter *l'analyse* dite *commerciale* pour évaluer la richesse des phosphates. La Station agronomique ne fera pas d'analyses commerciales, à moins que le client ne le demande expressément ; mais, dans ce cas, le procès-verbal mentionnera que cette analyse ne *donne aucune garantie pour la richesse réelle en acide phosphorique*.

Dans les transactions sur les engrais, on doit toujours spécifier :

1° Si l'azote (tant pour cent garanti sur facture) est à l'état d'azote *organique*, *ammoniacal* ou *nitrique*. Ces trois formes n'ont pas du tout la même valeur au point de vue agricole et correspondent à des prix très-différents sur le marché des produits chimiques et des engrais.

2° Si l'acide phosphorique (tant pour cent garanti sur facture) est à l'état d'acide phosphorique *directement soluble dans l'eau* ou d'acide *soluble dans le citrate d'ammoniaque*, ou enfin d'acide *insoluble dans l'eau et dans le citrate d'ammoniaque*. Ces trois états correspondent à des prix différents, et *l'utilité agricole* des phosphates insolubles peut-être absolument nulle dans certains terrains.

3° Quant à la potasse, il n'est point d'usage, dans le commerce des engrais de nature complexe, de mentionner sous quelle forme elle existe dans le mélange. Cependant le cultivateur doit être prévenu que certaines matières riches en potasse, par exemple le feldspath pulvérisé, ne seraient guère utiles au point de vue agricole, car la potasse qu'elles renferment n'est *assimilée* que très-lentement par les végétaux.

4° Enfin, quant à la chaux, si nécessaire à la végétation, elle doit être comptée pour bien peu dans les engrais.

La moyenne partie des terrains de la Somme en contiennent suffisamment ; ceux qui en manquent peuvent en être pourvu à très-bon marché par les marnages, généralement très-faciles au moyen de la craie qui se rencontre soit en affleurement soit à une légère profondeur.

Les engrais phosphatés renferment nécessairement de la chaux, car ils sont tous fabriqués avec des os ou des phosphates de chaux fossiles. Les superphosphates, les phosphoguanos, etc., etc , n'ont de valeur que par l'acide phosphorique et l'azote et non point par la chaux.

Analyse de produits naturels, agricoles, ou industriels,
de nature quelconque.

La Station agronomique se charge également d'analyser des produits de nature quelconque, même quand ils seraient complètement inconnus du client ; mais, dans ce cas, le prix de chaque détermination ou dosage est fixé à 10 fr. (dix francs).

Ce tarif s'appliquerait, par exemple, à un mélange de composition inconnue, comme serait un produit industriel fabriqué par des procédés secrets. Dans un cas semblable, une entente préliminaire avec le Directeur de la Station est toujours nécessaire afin de fixer le nombre d'éléments à doser.

Mais le tarif ordinaire (à 5 francs par dosage) s'appliquerait aux dosages du fer, de l'argent, de l'or, etc., etc., dans des minerais ou dans des alliages ; à l'analyse d'un savon, à l'essai d'une matière tintoriale, à l'analyse d'un tissus, (séparation des fibres végétales et des fibres animales), etc., etc.

Le produit des analyses serait ainsi réparti :
Moitié pour le Directeur de la Station, un quart pour le prépa-

rateur, un quart pour le Département, qui se trouvera ainsi indemnisé d'une partie des frais d'entretien du laboratoire.

Les Membres des Comices agricoles du Département pourront jouir personnellement d'une réduction sur le tarif pour les analyses intéressant directement l'Agriculture. Celle-ci sera proportionnée à l'importance des subventions que les Comices accorderont à la Station et sera fixée par la Commission de surveillance, sauf approbation par le Conseil général.

Budget de la Station agronomique.

PREMIÈRE ANNÉE. — 1879

A. — *Premier Etablissement.*

Recettes :

Somme votée par le Conseil général	15,000 fr. »
Subside de la Société des Agriculteurs	1,000 »
— de la Ville d'Amiens	2 000 »
— du Ministère de l'Agriculture pour établissement	3,000 »
— du Ministère de l'Agriculture (subvention pour 1879)	2,000 »
Total	23,000 fr. »

Dépenses jusqu'à ce jour :

Bâtiment	11,000 fr. »
Mobilier (rayonnages, tables de travail, etc.) . .	1,500 »
Réparations et aménagement du logement . . .	750 »
Fournitures de bureau (presse à copier, etc.). . .	100 »
Outils	111 »
Livres	466 »
Total	13,927 fr. »

B. - *Entretien de l'année.*

Loyer	1,600 fr. »
Impositions, assurances, eau de la ville	300 »
Total	1,900 fr. »

Total des dépenses	15,827 fr. »
Dépenses imprévues, repavage de la cour, etc.	173 »
Total général de la dépense faite	16,000 fr. »
Reste disponible sur les recettes	7,000 »
Total égal aux recettes	23,000 fr. »

DEVIS des instruments de précision, verrerie et produits chimiques indispensables pour la Station agronomique.

PREMIER ÉTABLISSEMENT.

1 Spectroscope	300 fr. »
1 Balance d'analyse (Collot), 300 gr. à ¹/₁₀ de millig.	400 »
1 Collection de poids	50 »
1 Trébuchet d'analyse	90 »
1 Balance Robertval (force ¹/₂ kilog.), très-sensible.	20 »
2 Biloupes	25 »
1 Microscope Nachet, avec accessoires	800 »
4 Thermomètres sur tige, ordinaires à mercure .	20 »
2 Thermomètres, grande précision	30 »
2 Thermomètres ordinaires à alcool	10 »
1 Diamant à écrire sur le verre	6 »
1 Diamant de vitrier	15 »
1 Baromètre Fortin	150 »
12 Éléments de pile (Leclanché)	60 »

A reporter . . . .

Report . . . .

1 Bobine Ruhmkorff, force moyenne	50	»
Conducteurs de cuivre couverts de soie et gutta-percha	20	»
2 Eudiomètres Bussen	36	»
1 Cuve à mercure de 4 litres	10	»
Mercure, 4 litres (ou 54 k.) à 5 fr.	252	»
1 Grille à analyse, 18 becs	135	»
1 Grille à analyse, 6 becs	45	»
1 Moufle à gaz	45	»
1 Étuve Shlœsing avec régulateur à gaz	125	»
1 Étuve fonte émaillée Wiessney	24	»
1 Four Leclerc et Forquignon	35	»
1 Four Pénot	60	»
2 Chandeliers à gaz	36	»
1 Alambic cuivre, pour eau distillée	150	»
1 Chalumeau à bouche	12	»
1 Chalumeau à gaz (pour travail du verre)	20	»
1 Soufflet avec table (id.)	40	»
2 Gazomètres Deville	90	»
1 Réfrigérant Gay-Lussac (zinc)	6	»
1 Série d'aréomètres et d'alcoomètres	50	»
2 Mortiers d'agate	15	»
1 Mortier de fonte	10	»
Creusets et capsules d'argent	100	»
Objets de platine (capsules, creusets, nacelles) . .	350	»
6 Supports divers (bois)	30	»
3 Supports (métal)	45	»
Verrerie soufflée	50	»
— graduée	200	»
— commune (flacons, tubes, cornues, etc.).	600	»
Porcelaine (capsules, tubes, creusets)	100	»
Produits chimiques (réactifs et produits purs) . .	500	»
— communs (à Amiens)	200	»

A reporter . . . .

Report . . . .   100 »
Grès et poteries communes (à Amiens) . . . . .   100 »
Ustensiles divers (à Amiens) . . . .   100 »
1 Presse à extraire le jus de betteraves . . . . .   200 »
2 Saccharimètres de Laurent . . . .   400 »
Instruments de météorologie (sur les indica-
    tions données par M. Marié Davy) . . . . . .   300 »
1 Observatoire établi en charpente légère, au
    fond du jardin, de manière à éviter l'ombre des
    bâtiments et murs de clôture . . . .   500 »
Emballage, transport, frais imprévus . . . . . .   383 »

Total général . . . .   7,400 fr. »
Devis présenté à la session d'août . . . . .   9,700 »
Différence . . . . . .   2,300 »

Il est donc nécessaire, pour compléter le premier établissement, de dépenses une somme de . . . . . .   7,400 »
. Conformément au devis ci-dessus pour achat d'instrument et
de matériel de laboratoire.

Ce devis ne s'élevait qu'à 6,000 fr. chiffre conforme aux pre-
mières appréciations de M. le Directeur, à un moment où il
n'était pas a même d'apprécier d'une manière positive (conver-
sation avec la Commission d'installation pour le choix de Directeur à présenter). Il a dû être augmenté de 1,400 pour deux rai-
sons :

1° D'après les informations prises, les analyses de betteraves,
sucre, etc., seront nombreuses, de sorte que le laboratoire
devra être pourvu de tout ce qui est nécessaire pour exécuter
rapidement ces analyses

2° Le service météorologique n'avait pas été prévu dans le
premier devis.

Si l'on retranche les 7,000 fr. disponibles sur les fonds de premier établissement, il ne reste qu'un *déficit de 400 fr.* que nous
prions le Conseil général de vouloir bien voter pour faire face à

la dépense de 7,400 fr. qui doit nous mettre en mesure de marcher à la grande satisfaction du département.

Le Conseil général avait prévu tout d'abord une somme de 20,000 fr. pour les frais de premier établissement de la station agronomique, il se trouve que la dépense atteindra la moyenne de ces deux estimations. Les travaux de construction d'appropriation et le devis du mobilier ont été l'objet de la plus stricte économie.

Quant aux appointements du Directeur, il y a été pourvu par un crédit de 4,000 fr. sur lequel il restera 333 fr. 30 disponibles, le Directeur n'étant entré en fonctions que le 1er février 1879.

L'acquisition des 7,400 fr. de mobilier du laboratoire ne peut être faite par correspondance ; ce serait s'exposer à avoir des livraisons tout-à-fait incomplètes. Je crois que vous trouverez, comme moi, qu'il est indispensable que M. le Directeur fasse l'acquisition, le choix lui-même, afin qu'il puisse en apprécier toutes les qualités et peut-être même profiter des amélirorations qui ont pu se produire nouvellement et sur lesquelles nous ne pouvions compter.

Dans le cas où ce serait votre opinion, je vous serai obligé de vouloir bien indiquer quelle indemnité de voyage il serait bon de lui attribuer. Celle-ci pourrait être prise sur ce reliquat de 333 fr. 33 ou sur l'escompte qu'il sera très-probablement possible d'obtenir, car le département pourra disposer de ces ressources.

MISE EN ACTIVITÉ DU LABORATOIRE, 1879.

Comme le laboratoire sera terminé complètement et pourvu de son mobilier et de ses instruments le 15 septembre au plus tard, il est nécessaire de prévoir une dépense d'entretien pour les quatre mois de la fin de cette année 1879.

Je suis convaincu que vous vous joindrez à moi pour supplier M. le Préfet de vouloir bien obtenir du Conseil général le traitement d'un préparateur, car ce fonctionnaire est absolument indispensable, si on veut que M. le Directeur réponde au programme qu'il a accepté et qu'il est aussi apte à remplir. Il n'est point possible de suivre une réaction et de faire autre chose en même temps. Si le Directeur doit se passer de cet aide, il n'y a plus possibilité, pour lui, de recevoir les personnes en consultations, de faire ou étudier des conférences et de correspondre avec les clients.

Que serait-ce lorsqu'un ou plusieurs postes seront créés ?

Dans l'espoir que notre demande sera favorablement accueillie, j'ai inscrit pour les quatre mois qui resteront à courir de l'année :

Garçons de laboratoire pour cinq mois	333	30
Préparateur	500	»
Combustible (coke), quantité plus que normale à cause du séchage des parois.	200	»
Gaz.	100	»
Total	1,133	30

Ce serait donc *une somme totale de 1,533 fr. 30* à demander au Conseil général pour terminer l'année 1879.

Ne sachant quel sera le produit des analyses pendant cette période, nous ne pouvons que l'inscrire pour mémoire.

ANNÉE 1880.

PROJET DE BUDGET

ENTRETIEN ANNUEL.

Recettes :

Subvention du Ministère de l'agriculture .	2,000 fr. »
Ville d'Amiens	Mémoire.
Analyses	Mémoire.

Vous avez précédemment remarqué, Messieurs, que le Ministère de l'agriculture a donné, pour 1879, 3,000 fr. pour l'établissement de la station et 2,000 fr. pour son fonctionnement.

Nous devons pouvoir présumer que M. le Ministre pourra maintenir au chiffre de 2,000 fr., la subvention au département et nous la portons en recettes.

Le Ministère, par les subventions qu'il nous accorde, nous prouve combien il a en estime l'établissement d'une Station agronomique dans notre département. Vous n'êtes pas, en effet, sans vous rappeler que M. l'Inspecteur général ne nous avait jamais fait espérer plus de 1,000 fr., nous laissant croire que le Ministère de l'Instruction publique pouvait peut-être en faire autant, ainsi que cela se fait pour plusieurs départements. Peut-être y a-t-il là une source qu'il serait possible d'utiliser ? Nous avons tout lieu de croire que la ville d'Amiens voudra bien nous continuer son utile concours. La Station, fixé dans son centre, doit naturellement servir considérablement à la Ville pour la mise en valeur de ses déchets et à ses cantons ruraux pour faire apprécier ceux-ci. La plus petite élévation de valeur dans les déchets de l'industrie amiénoise se chiffrera par un un bénéfice pour l'industrie beaucoup plus considérable que la subvention qui sera donnée à notre élément de propagation.

Il nous est impossible de fixer un chiffre pour les analyses. Le plus simple est de dire que ce produit sera reporté sur l'exercice suivant, c'est la seule manière de ne pas induire le Conseil général en erreur et d'établir un budget sérieux.

Dépenses :

ENTRETIEN ANNUEL.

Nous inscrivons le traitement du préparateur ainsi que nous l'avons fait pour la fin de cette année.

Ici se place la question de chauffage : ne serait-il pas prudent, convenable même, qu'il n'y ait qu'un seul tas de charbon dans l'établissement ? Et s'il ne doit y avoir qu'un seul approvisionnement, ne serait-il pas plus sage, de faire supporter au budget de l'établissement toute la dépense de chauffage ? Cette dépense supplémentaire serait minime et éviterait des dires, des soupçons qu'il serait extrêmement fâcheux de laisser se produire. C'est pour ce motif que le chauffage est porté à 400 fr.

1,900 fr. »	Loyer.	1,600 fr. »
	Impositions, assurance, eau de la Ville.	300 »
6,300 »	Appointements du Directeur.	4,000 »
	— du préparateur. . . .	1,500 »
	— du garçon de laboratoire	1,000 »
1,940 »	Combustible (coke et bois).	400 »
	Gaz (éclairage et chauffage).	400 »
	Reliure de livres et brochures	100 »
	Abonnements à renouveler	50 »
	Fournitures de bureau et entretien .	100 »
	Frais de poste.	50 »
	Produits chimiques et réactifs à renouveler en partie chaque année .	300 »
	Verreries — .	140 »
9,940 »	Total	9,940 fr. »

Ne sachant s'il y aura en 1880 un ou plusieurs postes d'observations fondés, nous n'avons rien prévu.

Nous terminerons, Messieurs, en vous faisant remarquer que dans la salle des conférences, il est possible de disposer d'un pan de mur de 10 mètres de longueur sur 3 mètres 40 de hauteur, qui conviendrait parfaitement pour établir une grande vitrine en bois de sapin. Celle-ci serviraient à déposer et exposer des échantillons de produits agricoles, de produits d'analyses.

La maison Vilmorin, dans une lettre à M. le Directeur, du 28 mai, nous offre des échantillons de graines, de plantes sèches, etc., suffisants pour garnir en grande partie cette vitrine. Cette salle présenterait ainsi au public, un petit musée agricole fort instructif.

Cette dépense sera toujours à faire tôt ou tard, car il est

impossible de ne pas garder les spécimens d'analyses des terres où des expériences ont été faites et seront en voie d'exécution.

Vous connaissez tous les tableaux graphiques qui permettent de juger dans leur ensemble les observations météorologiques, les phases diverses de fécondité des terres pendant un assolement. Il faut que ces travaux soient continuellement exposés, qu'ils frappent les yeux de toutes les personnes qui viendront dans cette salle. Ils ne peuvent être mis en carton sans perdre l'utilité quotidienne qu'ils sont appelés à avoir.

La dépense de cette vitrine de 34 mètres carrés peut-être évaluée à six cents francs . . . .   600 fr. »»

J'espère que comme moi, vous en jugerez l'utilité et que vous appuierez cette demande de crédit.

Telle est, Messieurs, notre situation. Nous avons agi avec toute l'économie possible, sans toutefois négliger tous les détails importants sans lesquels on s'exposerait à faire des travaux incomplets, indignes de l'établissement que le Conseil général, dans sa haute initiative, a tenu à créer dans notre Département.

Est-ce à dire que nous aurons créé un établissement complet, qu'il n'y aura plus rien à faire désormais ? Ce serait vous tromper que de vous affirmer un pareil fait. Seulement à chaque année doit échoir son amélioration. Laissons les choses en l'état pendant quelque temps, faisons les fructifier le plus possible et soyons convaincus que, dans quelques années, lorsque la Station agronomique sera connue, sera appréciée, nous pourrons demander une serre de végétation et des caisses de végétation et que le Conseil général, dans sa bienveillance pour les intérêts agricoles du Département, pour un établissement dont les services ne seront plus à deviner, n'hésitera pas à accorder sur notre demande.

A. CARON.

23 Juillet 1879.

AMIENS. — TYPOGRAPHIE W. DUTILLOY, SUCCESSEUR DE OSCAR SOREL.